AF578966

ENQUÊTE AGRICOLE

RÉPONSES

DU

COMICE DE SEGRÉ

(Maine et Loire)

AU QUESTIONNAIRE

ANGERS
IMPRIMERIE P. LACHÈSE, BELLEUVRE ET DOLBEAU
Chaussée Saint-Pierre, 13

1867

ENQUÊTE AGRICOLE

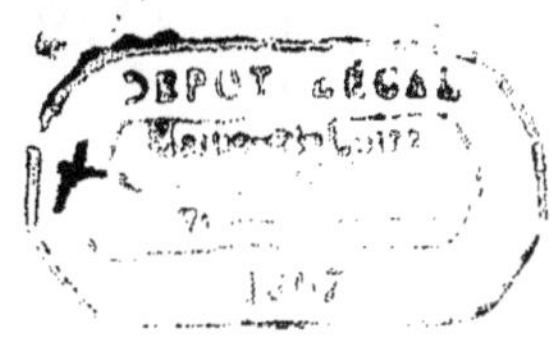

ENQUÊTE

SUR

LA SITUATION ET LES BESOINS DE L'AGRICULTURE

QUESTIONNAIRE GÉNÉRAL.

Réponses faites par le Comice agricole du canton de Segré.

I.

CONDITIONS GÉNÉRALES DE LA PRODUCTION AGRICOLE.

§ 1 *État de la propriété territoriale.*

1. De quelle manière est divisée la propriété territoriale dans la contrée sur laquelle porte l'enquête ?

Quelles sont les étendues de terrains qui, dans la contrée, sont considérées comme constituant les grandes, les moyennes et les petites propriétés ?

Quelles sont les proportions relatives de ces diverses natures de propriétés ?

La propriété est divisée en un grand nombre d'exploitations. Les plus grandes, ordinairement de 20 à

30 hectares, rarement au-dessus, se nomment métairies; les plus petites, jusqu'à 20 hectares, sont des closeries.

Une propriété est composée de plusieurs corps de fermes, métairies ou closeries.

Les grandes et petites propriétés sont rares, surtout les grandes; les moyennes dominent.

2. Quelle influence les changements qui ont pu avoir lieu depuis les trente dernières années dans la division de la propriété ont-ils exercée sur les conditions de la production?

Depuis trente ans les closeries tendent à disparaître; le produit que donne ce mode de culture est minime.

3. En quelle proportion compte-t-on, parmi les ouvriers agricoles, ceux qui, propriétaires de lots de terre plus ou moins importants, travaillent alternativement pour eux et pour les autres?

Les ouvriers agricoles ne possèdent pas de lots de terre.

§ 2. *Mode d'exploitation.*

4. Quels sont les divers modes d'exploitation du sol? Dans quelles proportions existent la grande, la moyenne et la petite culture?

Les seuls modes de cultiver sont l'affermement ou le métayage.

Nous avons déjà dit que la moyenne propriété était beaucoup plus ordinaire que la grande et la petite.

5. Les grands propriétaires, les propriétaires moyens et les petits propriétaires exploitent-ils généralement par eux-mêmes ou font-ils exploiter sous leurs yeux et à leur compte?

Tous les propriétaires afferment à prix d'argent ou à des métayers moyennant un partage de fruits. Quelques petits propriétaires cultivent eux-mêmes leurs terres, mais cette classe forme une exception insignifiante.

6. Quelle est, parmi les grands, moyens ou petits propriétaires, la proportion de ceux qui louent leurs terres à des fermiers ou les font cultiver par des métayers ?

L'affermement à prix d'argent est le plus ordinaire, le métayage n'est usité que pour un tiers.

7. Lorsque le régime du métayage existe, est-il d'usage qu'il y ait pour plusieurs domaines un fermier général servant d'intermédiaire entre les propriétaires et les métayers ?

Dans le métayage comme pour l'affermement, les propriétaires et les cultivateurs font eux-mêmes leurs affaires sans intermédiaire.

§ 3. *Transmission de la propriété.*

8. Quels sont, pour les différentes espèces de propriétés et pour les divers genres d'exploitation, les prix de vente des terres suivant leur qualité, les variations que ces prix ont pu subir depuis un certain temps en remontant à trente ans au moins, et les causes de ces variations ?

Le prix ordinaire des terres peut être généralement fixé à 30, 35 ou 37 pour un, ce que nous appelons le denier 30, 35 ou 37. Il n'y a que des exceptions particulières de convenances qui fassent varier ce prix.

Depuis trente ans, la valeur vénale des terres paraît avoir augmenté très-sensiblement. Cette augmentation vient de la diminution de la valeur monétaire ; elle a d'ailleurs suivi, dans les proportions indiquées plus haut, l'augmentation du prix de location, qu'elle suit toujours. En effet, les prix de location depuis 3 à 4 ans, tendant à baisser, le prix de vente a diminué comme lui, et les transactions sur les immeubles sont devenues difficiles.

9. Les domaines sont-ils ordinairement conservés dans une seule main au moyen d'arrangements de famille particuliers, ou sont-ils divisés entre les enfants ou les héritiers à la mort du chef de famille, ou enfin sont-ils habituellement vendus? Quelles sont les conséquences produites dans l'un ou dans l'autre cas?

Jamais des transactions de famille ne permettent de conserver à un domaine son intégrité. Les biens sont partagés également entre tous les héritiers. Cette division n'est pas favorable à l'agriculture.

Il n'y a d'exception que dans les cas où des dettes à acquitter, où des héritiers trop nombreux rendent le partage impossible. Dans ces cas l'immeuble est vendu.

On a vu souvent des immeubles vendus parce que les héritiers n'avaient pas le capital nécessaire pour acquitter les droits exorbitants que demandait l'enregistrement pour la mutation.

10. Les ventes de terre sont-elles lieu plus particulièrement en bloc ou au détail? Dans quelles proportions se pratiquent ces deux modes de vente? Quelles sont les différences de prix suivant que l'un ou l'autre est employé?

Le plus souvent, quand il y a vente, l'on préfère vendre au détail : ce mode étant plus avantageux d'un tiers environ pour les vendeurs, on ne tente l'aliénation en bloc et en corps de ferme que si la première ne réussit pas.

§ 4. *Conditions de location de la propriété.*

11. Quels sont les prix de location des terres suivant leurs diverses qualités et dans les différents modes de constitution et d'exploitation de la propriété ? Quelles variations ces prix ont-ils subies depuis trente ans au moins et quelles ont été les causes de ces variations ?

La location des terres est en moyenne de 50 à 60 fr. l'hectare. Toutes les fois qu'elle dépasse ce taux, c'est que le propriétaire a fait des sacrifices considérables pour améliorer le sol, sacrifices dont il est bien rarement récompensé.

Autrefois le prix moyen était de 40 à 50 fr.

Nous devons dire que, depuis 3 à 4 ans, le prix de location tend à diminuer et que cette diminution ne semble pas être arrêtée.

12. Quelles sont les conditions des baux à ferme, leur durée habituelle, les obligations qu'ils imposent aux fermiers indépendamment du payement des fermages, notamment sous le rapport des redevances de toute espèce ? Quelles sont le plus habituellement la nature et la valeur de ces redevances ? Quelles modifications ont eu lieu dans les baux, sous ce dernier rapport particulièrement, depuis trente ans environ ?

D'après un usage que l'on peut dire immémorial, la durée des baux est de neuf années, quelquefois plus courte, rarement plus longue.

Les redevances sont nulles.

13. Quels sont les divers modes de payement du prix de location des terres par les fermiers ? Ce payement se fait-il pour la totalité ou pour partie, soit en argent, soit en nature ? Pour le payement en argent, le prix est-il fixé d'avance et reste-t-il invariable pendant toute la durée du bail, ou se règle-t-il d'après le cours des grains constaté par les mercuriales ? Pour le payement en nature, quelles conditions spéciales sont imposées ?

Le prix de ferme est fixé par le bail, il est invariable

pendant toute sa durée. Le paiement a constamment lieu en argent.

14. Quelles sont les clauses et conditions des contrats de métayage ?

Les obligations du métayer sont de donner au propriétaire la moitié de tous les produits de l'exploitation. Les engrais pour les cultures des céréales, plantes fourragères, sont acquittées moitié par moitié. Les amendements pour les prairies sont pour les deux tiers à la charge du propriétaire.

Le métayer paie tous les impôts, mais il a, par compensation, son logement, les fagots des émondes, les produits du jardin, les poules et les œufs. Il profite seul du lait et du beurre qu'il peut faire après que les vaches ont nourri leurs veaux.

Les foins et les pailles sont consommés sur les lieux, et les fumiers sont utilisés pour l'exploitation.

Dans le métayage, le propriétaire fournit la moitié des bestiaux.

§ 5. *Capitaux. — Moyens de crédit.*

15. Quel est le montant du capital de première installation dans une exploitation d'une importance donnée, et quel est le montant du capital de roulement ?

Le capital d'installation varie selon l'étendue de la ferme. L'on peut le fixer à 250 francs par hectare de terre. Il est insuffisant ; il appartient au fermier.

Il n'y a pas de fonds de roulement en espèces.

16. Ces capitaux suffisent-ils aux besoins de la culture, au perfectionnement des procédés agricoles et à l'amélioration des terres?

Ces capitaux sont ordinairement suffisants pour les besoins ordinaires. Quelquefois le cultivateur augmente la quantité des engrais, mais jamais il ne se préoccupe de l'amélioration des terres; s'il est fait quelques tentatives dans ce but, elles viennent du propriétaire.

17. Si les capitaux n'existent pas ou ne se trouvent pas en quantités suffisantes entre les mains de ceux qui possèdent les propriétés rurales ou qui les exploitent, comment ceux-ci peuvent-ils se les procurer? Quelles facilités ou quels obstacles rencontrent-ils à cet égard?

Les emprunts faits par les fermiers sont contractés par l'entremise des notaires, jamais aux sociétés financières.

18. A quel taux l'argent qui leur est nécessaire leur est-il habituellement fourni?

A 5 0/0. Avec les frais d'acte et autres, l'intérêt revient réellement à 6 fr. 50 0/0 l'an.

19. Dans le cas où la situation actuelle du crédit agricole serait considérée comme défectueuse, par quels moyens et par quelles modifications à la législation existante serait-il possible de l'améliorer?

Nous n'avons jamais vu de société de crédit bien constituée et offrant des conditions acceptables pour les fermiers. Le cultivateur n'aurait ordinairement d'autres garanties à offrir que sa réputation de probité. L'intérêt qu'il pourrait payer ne serait que 3, 4 0/0 à peine. Aucune société ne voudrait se contenter de cette garantie ou de ce produit.

Nous ne désirons même pas que les emprunts deviennent trop faciles. Il ne faudrait qu'une seule année peu productive pour consommer la ruine d'un fermier.

Le meilleur moyen serait une diminution des impôts et des mesures efficaces pour faciliter l'écoulement des produits à des prix rémunérateurs, et le transport des engrais à prix raisonnable. Il n'y a pas de moyens meilleurs que ceux-là. On pourrait en outre faire des efforts pour ramener le crédit à la portée de l'agriculture.

20. Les emprunts faits par les propriétaires ou les exploitants du sol sont-ils consacrés exclusivement à l'amélioration des terres et au développement de la culture?

Comment le savoir? C'est le secret de l'emprunteur.

21. Quelle est aujourd'hui, comparée à ce qu'elle était à d'autres époques, la situation hypothécaire de la propriété rurale? Quelle est particulièrement cette situation pour le propriétaire exploitant et pour le propriétaire non exploitant?

La propriété est très-grevée d'hypothèques, les conservateurs seuls peuvent faire connaître le nombre et l'importance des inscriptions.

Les causes de cette position sont inconnues.

22. Quelle a été l'influence exercée sur l'emploi des capitaux et des épargnes agricoles par le développement qu'a pris la fortune mobilière, et par la création de valeurs de toute nature?

Non-seulement l'agriculteur n'a point profité de l'augmentation de la fortune mobilière, mais cet accroissement lui a été nuisible. Les fonds ont en effet été employés en achats de rentes ou d'actions, qui donnaient de beaux produits, tandis que l'agriculture donne peu ou rien.

Trop heureux si l'appât de gros intérêts et de chances trompeuses n'engage pas le cultivateur à risquer son capital dans les aventures de l'étranger. Le droit de cité ne devrait pas être accordé à de telles spéculations.

§ 6. *Salaire. — Main-d'œuvre.*

23. Les salaires des ouvriers de la culture, ont-ils augmenté, et dans quelle proportion ?

Nous ferons une seule réponse pour les n°s 23, 24 et 25.

Depuis vingt-cinq ans, les salaires des domestiques de fermes, des ouvriers agricoles, ainsi que ceux que nous appelons ouvriers d'états, ont plus que doublé. Les exigences sont devenues énormes sous le rapport de la nourriture et du bien-être, sans offrir de compensation du côté du travail.

Dans les causes de cette situation fâcheuse, il faut placer en première ligne le petit nombre d'ouvriers et de domestiques, le luxe, le jeu, l'amour du bien-être et l'usage fréquent du cabaret, qui est devenu une plaie.

24. En a-t-il été de même des salaires des ouvriers et des domestiques autres que les domestiques employés pour la culture?

Voir plus haut.

25. Quelles sont les causes de l'augmentation des salaires ?

Idem.

26. Le personnel agricole a-t-il diminué? Le nombre des ouvriers ruraux est-il en rapport avec les besoins de la culture, ou est-il devenu insuffisant?

La diminution des ouvriers agricoles est certaine et

notable, personne ne peut la mettre en doute. Le nombre de ces ouvriers est insuffisant

27. S'il y a insuffisance d'ouvriers agricoles, quelles en sont les causes?

La réponse à cette question se trouve au n° 23.

La désertion des campagnes s'est faite au profit des villes. L'émigration est la cause principale et presque unique du manque de bras. L'immense développement des travaux, surtout des travaux de luxe, l'espoir d'un travail moins pénible et mieux rétribué, le désir de se livrer aux distractions qui s'y rencontrent, entraînent les jeunes gens à se fixer dans les villes. Ce résultat est d'ailleurs justifié jusqu'à un certain point par la perspective de ne pouvoir former à la campagne un établissement fructueux, le travail n'étant pas encouragé par des bénéfices qui ne sont pas possibles, au prix des denrées agricoles.

28. Le mouvement d'émigration des populations rurales vers les villes et l'abandon du travail des champs pour le travail industriel, se sont-ils produits dans des proportions sensibles?

La proportion des émigrations est énorme, et cette tendance est loin d'être arrêtée.

29. En cas d'affirmative, quelle est la proportion, dans ce mouvement d'émigration, entre le nombre des hommes seuls, celui des ménages et celui des femmes ou des filles seules?

Cette tendance est plus forte chez les célibataires des deux sexes, les personnes en ménage y cèdent moins.

30. Les ouvriers qui émigrent des campagnes vers les villes sont-ils des terrassiers ou des ouvriers agricoles? Appartiennent-ils, au contraire, à des corps d'état tels que maçons, charpentiers, etc. ou à la classe des domestiques de maison?

Les ouvriers de toutes classes et les domestiques en

général émigrent vers les villes et désertent les campagnes.

31. Le manque de bras, là où il se fait sentir, provient-il uniquement de la diminution du nombre des ouvriers agricoles ? Ne résulte-t-il pas, dans une certaine mesure, des progrès de l'agriculture, et, notamment, de l'extension donnée aux cultures industrielles dont les travaux sont plus multipliés et exigeraient, dès lors, un personnel plus considérable pour une même surface cultivée ?

La culture des plantes industrielles est nulle dans le canton et ne peut nuire aux travaux des fermes.

32. L'insuffisance des ouvriers agricoles ne provient-elle pas aussi de ce qu'un certain nombre d'entre eux, devenus propriétaires, travaillent une partie du temps sur leur propriété et n'offrent plus leurs services ou les offrent moins à ceux qui les employaient autrefois ?

Les ouvriers agricoles ne possèdent pas de terres, et cette raison ne peut expliquer pour le canton la pénurie des bras.

33. L'insuffisance ne peut-elle pas être attribuée en partie à ce que les familles seraient moins nombreuses aujourd'hui qu'autrefois ?

Les familles sont aussi nombreuses qu'autrefois, et, si la population n'a pas augmenté, c'est encore une conséquence de l'émigration des jeunes gens. Ce résultat d'une population qui se maintient malgré la désertion des jeunes gens est due à ce que notre population a conservé ses principes de moralité ; car il est appris par l'expérience que les populations les plus morales sont celles qui se conservent le mieux.

34. Quelle a été l'influence exercée sur la diminution du personnel agricole, sur le taux des salaires et de la main-d'œuvre par l'emploi des machines dans l'agriculture? L'emploi de ces machines s'est-il déjà étendu dans la contrée et a-t-il une tendance à se vulgariser de plus en plus?

Les machines à battre seules sont généralement employées dans le pays, les autres machines commencent à prendre.

35. L'usage des machines à battre, particulièrement, n'a-t-il pas enlevé du travail aux ouvriers agricoles à une certaine époque de l'année, et ces ouvriers n'ont-ils pas dû exiger une augmentation de salaire pour les autres travaux? N'y a-t-il pas là aussi une cause d'émigration?

L'usage des batteuses a été fort utile pour remédier dans une certaine mesure à la rareté des ouvriers, mais il n'a point été cause de l'émigration dans les villes. En un mot, c'est la rareté des bras qui a fait augmenter les machines, et non les machines qui ont fait diminuer les bras.

36. La manière de moissonner n'a-t-elle pas subi des modifications et n'exige-t-elle pas un personnel moins nombreux que par le passé?

La manière de moissonner n'a pas changé depuis longtemps; et, comme les cultures ont pris plus de développement, la pénurie des bras se fait sentir plus fortement. L'emploi des machines à moissonner n'est pas possible avec la division du sol.

37. La somme de travail, obtenue des ouvriers agricoles, est-elle plus ou moins considérable que par le passé?

La somme de travail des ouvriers agricoles, loin d'avoir augmenté, est diminuée : les salaires se sont accrus sans compensation.

38. Les conditions d'existence de cette partie de la population se sont-elles améliorées? S'est-il produit des modifications favorables dans la manière dont elle est nourrie, dont elle est vêtue et logée? Son bien-être général s'est-il accru, et dans quelle mesure?

L'instruction primaire est-elle dirigée dans un sens favorable à l'agriculture, et quelle est son influence sur le choix des professions?

Les sociétés de secours mutuels sont-elles suffisamment répandues dans les campagnes?

L'assistance publique y est-elle convenablement organisée?

Les conditions de l'existence se sont améliorées considérablement sous tous les rapports. Sachant que le fermier a besoin d'eux, les ouvriers agricoles sont très-exigeants, souvent même plus qu'il n'est raisonnable.

L'instruction primaire ne s'occupe pas de l'agriculture, il faudrait sur ce point une revue du programme de l'instruction. On pourrait leur donner quelques notions simples qui, plus tard, trouveraient leur application. Il faudrait surtout leur donner des principes qui leur feraient aimer cette profession, dont souvent l'instruction les éloigne.

On demanderait aussi une plus grande liberté pour le père de famille, dans la disposition de ses enfants; ainsi, qu'à une certaine époque de l'année où les travaux exigent le concours de tout le personnel de l'exploitation, il pût les garder à la maison, sans que cette absence fût pour les enfants un motif d'exclusion de l'école. Il faudrait encore que le père ne fût tenu de payer la rétribution scolaire que pour le temps pendant lequel l'enfant a réellement fréquenté les classes.

39. S'est-il opéré des changements dans l'état moral des ouvriers de la campagne ? Leurs relations avec ceux qui les emploient sont-elles moins faciles qu'autrefois ? Quels sont les résultats et les causes des changements survenus sous ce rapport ?

L'état moral des ouvriers de la campagne a beaucoup baissé : un assez grand nombre s'enivrent, se livrent à des jeux excessifs qui quelquefois leur enlèvent la totalité de leurs salaires de l'année.

Les rapports avec eux sont difficiles, et le juge de paix est souvent appelé à juger leurs différends avec les maîtres.

40. Y aurait-il avantage à étendre aux ouvriers agricoles les dispositions de la loi du 22 juin 1854 relative aux livrets ?

L'application du livret aux ouvriers de la campagne est désirée de tout le monde. Souvent, quand ils viennent d'un peu loin, on n'est pas à même de s'informer de leur conduite antérieure.

41. Le nombre des ouvriers nomades qui viennent se mettre à la disposition des cultivateurs pour les grands travaux de la moisson et de la vendange, est-il plus ou moins considérable aujourd'hui que par le passé ? Quelle influence les faits de cette nature exercent-ils sur la condition des ouvriers sédentaires et sur leurs rapports avec ceux qui les emploient ?

Les ouvriers nomades ne viennent pas dans le canton.

§ 7. *Engrais. — Amendement des terres.*

42. Quels sont les divers engrais ou amendements dont l'agriculture fait usage dans le pays ?

Les engrais usités dans le pays sont les fumiers d'étable, de beaucoup les meilleurs ; la chaux, les cendres lessivées ou charrées, le guano. Les charrées sont les plus employées après les fumiers d'étable. Cette denrée est trop souvent frelatée avec des substances peu ou nullement productives. Il serait urgent de mettre le cultivateur à l'abri des fraudes. Les marchands devraient être astreints à faire connaître la composition de l'objet mis en vente, au moyen d'un écriteau placé sur le tas, indiquant ce qu'il contient et les proportions des diverses matières. Pour plus de sûreté, les préposés à la vente devraient être porteurs d'un bulletin d'analyse signé et certifié par la personne qui l'aurait faite et que l'acheteur serait en droit de se faire représenter. Ainsi les fraudes seraient moins faciles et plus aisées à découvrir. Nous croyons que ces précautions sont prises à Nantes.

43. La production du fumier est-elle suffisante? Y a-t-il besoin d'y suppléer par l'achat d'engrais naturels ou artificiels?

La production du fumier d'étable n'est pas suffisante, et les engrais étrangers sont indispensables. C'est une de nos plus grandes dépenses. La chaux, le moins coûteux des engrais étrangers, ne doit être employée qu'avec modération.

44. Pour une étendue donnée de terres, combien a-t-on ordinairement de chevaux, d'animaux de race bovine, ovine, porcine, etc.? Ce nombre est-il ce qu'il devrait être eu égard à l'importance de l'exploitation? Est-il suffisant pour donner la quantité de fumier nécessaire? S'il ne l'est pas, quelles sont les circonstances qui s'opposent à ce qu'il atteigne la proportion voulue?

Le nombre des bestiaux est calculée d'après la grandeur de la ferme et sur le produit que les prairies naturelles et artificielles peuvent donner. Ils ne sont jamais assez nombreux pour fournir les engrais nécessaires La cause de cette insuffisance résulte de ce qui précède. Le nombre des têtes de bétail est d'un peu moins d'une tête par hectare ; sur une ferme de 30 hectares, par exemple, il se trouvera 20 à 22 têtes de bétail.

45. Quels sont les frais que l'agriculture a à supporter pour l'achat d'engrais naturels ou artificiels? Trouve-t-elle à cet égard des facilités et des garanties suffisantes? Que pourrait-il être fait pour augmenter ces facilités et ces garanties?

Nous l'avons dit, l'acquisition des engrais est une des plus lourdes charges de l'agriculteur. Il est très-difficile de s'en procurer. Le meilleur moyen pour faciliter la culture à ce point de vue, serait de lui donner des moyens de transport.

46. A quelles dépenses l'agriculture de la contrée a-t-elle à faire face pour le chaulage, le marnage ou autres amendements des terres, et quelles difficultés peuvent s'opposer à ce qu'on se procure les matières les plus propres à améliorer la qualité du sol et à augmenter sa force de production?

La contrée n'emploie pas les marnes qui ne s'y trouvent point; il n'est pas mis d'autres engrais que ceux mentionnés plus haut.

Nous le répétons, sans pouvoir trop le dire, des moyens de communications faciles et à bon marché, sont indispensables.

C'est le moment de réclamer la parfaite exécution de la canalisation de l'Oudon, et l'exhaussement du pont du Lion-d'Angers.

§ 8. *Autres charges de la culture.*

47. Quels sont les frais accessoires que supporte la culture pour la construction et l'entretien des bâtiments ruraux et leur assurance contre l'incendie? Comment ces frais se répartissent-ils entre les propriétaires des biens ruraux et ceux qui les exploitent?

Les constructions et réparations des bâtiments ruraux sont entièrement à la charge du propriétaire, ainsi que les assurances contre l'incendie.

Le fermier concourt ordinairement aux travaux par le charroi des matériaux à pied-d'œuvre.

48. Quelles sont les charges qu'imposent aux cultivateurs l'assurance de leurs récoltes contre l'incendie ou la grêle et l'assurance contre la mortalité des bestiaux ?

Les assurances contre l'incendie des récoltes, sont à la charge des fermiers dans les locations à prix d'argent; elles sont supportées en commun par le propriétaire et le fermier dans les fermes à moitié ou métayage.

49. Quels sont les frais d'achat et d'entretien du matériel agricole?

Le matériel des fermes, qui n'est pas souvent suffisant, est fourni et entretenu par les cultivateurs auxquels il appartient. Les frais sont assez considérables; ils peuvent être évalués de 75 à 100 fr. par hectare.

50. Quelles sont les autres charges qui incombent à l'agriculture?

Les charges personnelles aux fermiers sont :

1° L'exonération militaire. Il faut noter que les cultivateurs, étant les plus nombreux, fournissent au pays le plus grand nombre de ses défenseurs;

2° Les prestations en nature, employées à l'entier pour les chemins de grande communication qui sont très-utiles aux villes qui ne concourent point à leur exécution, et cela au détriment des chemins vicinaux et ruraux.

Voir pour les autres charges le n° 14.

II.

CONDITIONS SPÉCIALES DE LA PRODUCTION AGRICOLE.

§ 9. *Procédés de culture. — Assolements.*

51. Quels sont, aujourd'hui, pour la grande, la moyenne et la petite culture, les divers modes d'assolement, et particulièrement ceux qui sont le plus fréquemment suivis?

L'assolement généralement suivi est celui qu'on appelle *triennal.*

52. Quelles modifications ont été apportées, sous ce rapport, à l'ancien état de choses?

Les plantes fourragères seules ont été ajoutées à l'assolement ancien. Cette culture a pris un très-grand développement. Tous les autres essais qui ont été faits pour changer ou modifier l'ancien usage, ont été successivement abandonnés par suite de l'expérience.

53. Quelle est l'étendue des terres affectées à chaque culture? La proportion qui existe entre les différentes cultures est-elle motivée par la nature du sol et par la qualité des terres, ou est-elle déterminée par les facilités qu'offre le placement de certains produits? Doit-elle être considérée comme étant la plus profitable au producteur, et si elle n'est pas ce qu'elle devrait être, quelles sont les circonstances qui mettent obstacle à ce qu'elle soit modifiée?

Il faut pour cette question se reporter aux deux numéros précédents 51 et 52.

L'assolement suivi est le fruit d'une très-longue expérience, tous les nouveaux modes tentés par divers propriétaires ont été délaissés, ne donnant que des pertes.

La rotation adoptée est très-favorable à la culture du froment qui est au moins la moitié de nos produits. La paille est nécessaire pour la nourriture du bétail et pour les litières; sans paille, point de fumiers. On peut sans doute améliorer, mais changer, non. La terre n'est pas comme un outillage de manufacture, et ceux qui l'ont oublié l'ont payé cher parfois.

C'est donc parler avec peu d'expérience que de dire, comme certains économistes, si le froment ne produit pas, faites autre chose. On ne tient pas assez compte en certains lieux, de la nature des climats et des terrains. Nous sommes comme les chênes de nos pays, placés par la Providence dans de certaines conditions auxquelles nous ne pouvons nous soustraire. La sagesse de l'administration d'un pays comme la France serait de faire profiter également toutes les parties, si diverses qu'elles soient, des mêmes avantages et de tenir entre tous la balance égale.

54. Quels ont été, depuis un certain nombre d'années, en remontant à trente au moins, les progrès accomplis et les améliorations réalisées dans la culture du sol?

Nous reconnaissons que depuis plusieurs années les progrès ont été immenses. Cela indique que l'agriculture a fait, pour se relever, de nobles et courageux efforts, qui n'ont eu que peu et point de résultats, mais qui ont cependant été l'occasion de frais et de dépenses considérables.

Quelle a été la récompense? nous n'en avons aucune;

aussi le progrès est-il stationnaire. Même sous le poids des déceptions, il a tendance à rétrograder.

55. Dans quelle mesure les divers procédés agricoles se sont-ils perfectionnés?

Quelques instruments plus avantageux ont été adoptés, telles sont les charrues nouvelles, les herses Valcour, et surtout la machine à battre.

Sans ces perfectionnements, l'agriculture, faute de bras suffisants, eût peut-être péri, ou du moins ses souffrances eussent été plus grandes encore.

§ 10. *Défrichements.*

56. Quelle a été l'importance des travaux de défrichements opérés dans la contrée, et quel en a été le résultat?

Nous ne croyons pas qu'il y ait eu dans le canton des travaux de défrichement.

57. Quelle est l'étendue des landes et autres terres incultes?

Il est très-peu de landes et de terres incultes.

58. Quelles sont les causes qui se sont opposées, jusqu'à présent, à ce qu'elles aient été mises en valeur?

Si les charges n'étaient pas si lourdes, que les grains se fussent mieux vendus, si les promesses faites ne s'étaient pas évanouies, il ne resterait plus de terres incultes.

§ 11. *Dessèchements.*

59. Quelle a été l'étendue des dessèchements opérés dans la contrée depuis les trente dernières années, et quel en a été le résultat?

Il n'y a pas de marais dans le canton, le sol est humide, mais non marécageux.

60. Quels obstacles la législation pourrait-elle opposer à ce qu'ils prissent plus de développement?

Il n'y a pas de réponse à faire. (Voir ce qui précède.)

§ 12. *Drainage.*

61. Quelle est, dans la contrée, l'étendue des terres auxquelles le drainage pourrait être utilement appliqué?

Il y a eu quelques drainages dans différentes exploitations, nous en ignorons l'étendue.

62. Quel a été, jusqu'à présent, le développement donné à cette pratique agricole? Quels en ont été les résultats?

Tous les drainages bien exécutés ont donné de bons résultats; malheureusement le drainage fait avec des tuyaux seuls, est sujet à s'obstruer.

63. Quelles sont les circonstances qui ont pu s'opposer à ce qu'elle prît plus d'extension?

Le prix de cette opération est énorme, presque inabordable.

§ 13. *Irrigations.*

64. Quel est l'état des irrigations dans la contrée? Sont-elles naturelles ou artificielles?

Les irrigations sont naturelles.

65. Les irrigations naturelles par débordement ont-elles diminué ou augmenté.

Elles n'ont ni augmenté ni diminué.

66. Quels sont les obstacles qui ont pu s'opposer à l'extension de la pratique des irrigations dans les terres où elles seraient utiles?

Il n'y a d'eau dans les rivières et les ruisseaux qu'en hiver, en été ils sont à sec.

67. Quelle influence favorable ou contraire le régime actuel des eaux peut-il exercer sur le progrès des irrigations?

Le régime pratique des eaux n'a pas changé.

§ 14. *Prairies et cultures fourragères.*

68. Quelle est, dans la contrée, l'étendue relative des prairies naturelles?

Un huitième environ des terres de la ferme.

69. Quel est le rendement moyen en fourrages des prairies naturelles? Quel est le prix de vente de ces fourrages depuis dix ans?

Le rendement des prairies naturelles est de 3 à 4,000 kilogrammes par hectare. Le prix de la charretée, c'est-à-dire 1,050 kilogrammes, est de 40 à 45 fr. La quantité vendue est extrêmement minime, les foins sont destinés à la nourriture des bestiaux de la ferme.

70. Quelle est l'étendue relative des terres cultivées en prairies artificielles?

3 à 4 hectares sur une exploitation de 30 hectares.

71. Quels sont les frais de culture de ces prairies pour une étendue donnée en mesure locale et ramenée à l'hectare?

L'hectare de terre, cultivé en prairie artificielle, revient, tous frais comptés, de 130 à 150 fr.

72. Cultive-t-on dans la contrée d'autres plantes destinées à la nourriture des animaux, telles que choux, betteraves, navets, carottes, etc.?

Quelle est l'étendue relative des terres employées à ces cultures? Quels sont leur rendement moyen et les frais qui leur incombent?

L'usage est de cultiver, sur une ferme de 30 hectares, 2 hectares de choux de Poitou. Le rendement est de 30 fr. environ. Les frais sont élevés, 400 fr. à peu près. Mais ces frais se trouvent compensés par la nourriture du bétail, et les terres, après cette récolte, peuvent porter, avec une certaine fumure, un ensemencé de froment ou d'orge.

Les betteraves n'ayant pas, dans ce pays, le débouché de l'industrie, sont moins prisées que les choux. La quantité de terre, consacrée à cette culture, est de 1 hectare par ferme ; ce qui donne 35,000 kilogrammes de racines, pouvant valoir 350 fr. Les navets sont moins cultivés que la betterave, ils ne vont guère qu'au tiers.

Les autres plantes mentionnées ne sont pas admises dans la culture.

73. A-t-il été donné depuis un certain nombre d'années un développement sensible aux cultures fourragères et dans quelle proportion?

Depuis quelques années, les cultures de ces plantes se sont grandement développées ; elles mériteraient l'être davantage, car elles sont insuffisantes. Ce développement est dû à l'initiative et à l'influence des propriétaires, et puissamment excité auprès des cultivateurs, par l'abaissement du prix des céréales.

74. Quel est le rendement moyen des terres cultivées en plantes fourragères des diverses espèces, trèfle, luzerne, sainfoin, betteraves, choux, etc., etc.?

Il a été répondu à cette question, aux deux articles ci-dessus, dont celui-ci n'est que la répétition.

Ces produits dont nous avons donné le prix, mais seulement par évaluation, ne sont pas vendus ; ils sont consommés à l'étable.

75. Quel est le prix de vente de ces produits ?

Même réponse qu'au n° 74.

§ 15. *Animaux.*

76. Quels sont, pour les animaux de chaque sorte : chevaux, mulets, ânes, bœufs, vaches, veaux, moutons, porcs, les frais de toute nature que le cultivateur a à supporter pour dépenses d'achat, d'élevage, de nourriture, d'entretien, d'engraissement, etc. ? A quels prix les animaux de chaque espèce lui reviennent-ils et à quels prix se vendent-ils?

Les animaux qui se trouvent sur les fermes sont des bœufs, des vaches, des veaux et des porcs ; trois à quatre chevaux par ferme. On les élève autant qu'on le peut, et ils ne sont achetés que lorsque l'élevage fait défaut.

Il résulte de ce qui précède, qu'il n'est pas aisé de dire quel est le prix de revient. Les prix de vente varient selon la conformation, l'embonpoint et les autres qualités de l'animal. Un bœuf bien conformé et en bon état, vaut de 350 à 450 francs, à l'âge de trois ans.

Ce prix semble élevé ; cependant, si l'on fait attention à tout ce qu'il a coûté en soins et nourriture, l'on restera convaincu que ce prix est égal à son prix de revient. Le fermier a pour bénéfice le fumier que l'animal a donné et le travail qu'il en a tiré. Cette évaluation est généralement admise comme exacte.

Les vaches, les porcs se vendent à tout âge et à tout prix, la moyenne ne peut être établie.

Les chevaux sont à bas prix. Les haras et les influences administratives poussent le cultivateur à faire des chevaux de demi-sang, dont il trouve difficilement la défaite; car ces chevaux, impropres pour la plupart au travail, ne conviennent que pour le luxe ou la cavalerie, et les officiers de la remonte en achètent excessivement peu.

77. Y a-t-il amélioration dans la quantité et la qualité des animaux? Quels changements se sont opérés à cet égard depuis trente ans, soit par le choix des races, soit par leur perfectionnement, soit par de meilleurs procédés d'élevage et d'engraissement?

Les races sont bien meilleures, le croisement a donné de bons résultats; et, grâces à l'influence et aussi aux avances des propriétaires, il est généralement admis.

78. Quelles facilités nouvelles l'extension des cultures fourragères, sur les points où elle a été constatée, a-t-elle procurées pour l'élevage du bétail et la production des engrais?

Achète-t-on pour les animaux des aliments non fournis par l'exploitation?

Le besoin d'apporter un remède au défaut de la vente des grains, a fait augmenter le nombre des bestiaux, et cette augmentation a rendu nécessaire une culture plus étendue des plantes fourragères. C'est une petite compensation, une diminution de pertes; car la culture des blés est de beaucoup celle qui convient le mieux à notre sol. Il est dès lors évident que les fermiers n'achètent pas d'aliments étrangers pour leurs bestiaux; ils ne se servent que des produits de la ferme.

79. Existe-t-il un écart trop élevé entre le prix du bétail sur pied et celui de la viande au détail? A quelle cause doit-on attribuer cet écart?

Le prix de la viande de boucherie est très-élevé; la

cause de cette cherté nous échappe. Dans ce canton, nout n'avons pas de droit d'abattoir, et le prix se maintient au même prix que dans les villes, dons les droits d'octroi sont le plus souvent exorbitants.

80. Quel parti les cultivateurs tirent-ils des autres produits provenant des animaux de la ferme, tels que les laines, le beurre, le lait, les fromages, etc.?

On élève très-peu de moutons, deux ou trois ; les laines qu'ils donnent sont consacrées aux usages domestiques. Les vaches, lorsqu'elles ont élevé les veaux, ne donnent point ou peu de lait, et la maison consomme ce qui reste : on ne fait point de fromages.

81. Quelles ressources les cultivateurs trouvent-ils dans l'élevage de la volaille?

Ce produit est complétement nul ou tellement minime qu'il est insignifiant. Il est même prétendu par quelques cultivateurs que les dommages causés aux récoltes par les volailles, dépassent le produit qu'elles peuvent donner.

§ 16. *Céréales.*

82. Quelle est, dans la contrée, l'étendue des terres cultivées en céréales des diverses espèces?

En froment, 1/3.

En méteil, 0.

En seigle, 0.

En orge, 1/6.

En maïs, 0.

En sarrasin, quelque peu, la quantité est inappréciable.

En avoine, 1/6.

83. Quels sont, pour chacune de ces céréales, les frais de culture d'un hectare de terre, ou de la mesure employée dans la localité et dont le rapport avec l'hectare sera indiqué?

Voir le numéro suivant qui fait double emploi avec celui-ci.

84. Quel est le détail de ces différents frais :

Pour les labours	70 fr.
Pour le hersage.	15
Pour le roulage.	»
Pour le coût des semences . . .	55
Pour le prix de l'ensemencement .	5
Pour les façons d'entretien . . .	10
Pour la moisson.	20
Pour la rentrée des grains . . .	15
Pour le battage, nettoyage, etc. .	25

A ces frais, pour avoir le véritable chiffre du prix de culture de 1 hectare de terre, il faut ajouter le prix de la location de la terre, l'intérêt du capital, la dépréciation du matériel agricole, les impôts dans la proportion d'un hectare, ce qui donne approximativement une centaine de francs.

Il n'est pas parlé des frais de fumure qui sont compensés par le produit de la paille.

85. Quel est le rendement par hectare pour chacune de ces espèces de céréales depuis dix ans?

Depuis dix ans, le produit d'un hectare de terre a très-peu varié; il est admis comme étant :

Le froment de	16 à 17 hectol.
L'orge.	20
Le sarrasin	15
L'avoine	20

86. La production des céréales de chaque espèce a-t-elle augmenté dans une proportion sensible depuis trente ans? S'il y a eu augmentation, à quelles causes doit-elle être particulièrement attribuée? L'importation d'espèces nouvelles de céréales donnant un rendement plus considérable a-t-elle contribué dans une mesure un peu importante aux progrès de la production?

Il est très-certain que depuis trente ans la production des céréales a pris un grand accroissement. Les causes de cette prospérité sont d'abord les soins et les dépenses des propriétaires devenus plus soigneux de leurs terres; en second lieu, la valeur des céréales avant 1861; elle atteignait en moyenne 22 fr. l'hectolitre. Depuis cette époque, le prix est tombé à 16 fr.

L'importation des blés étrangers et leur introduction dans les cultures, n'a produit aucun effet. Ces blés ont réussi dans certaines terres, manqué dans d'autres; on ne peut asseoir aucun espoir légitimement fondé sur leur culture.

87. Quels ont été les prix de vente des diverses espèces de céréales et les variations que ces prix ont pu subir depuis dix ans?

D'aprés les mercuriales, le prix des blés, depuis dix ans, est pour les sept premières années, en moyenne, de 22 fr. l'hectolitre; depuis 1861, ils se sont soutenus à ce prix pendant un an; mais aussitôt que la loi du 15 juin 1861 put influer sur les prix, il est tombé à 17 et 16 fr., prix de l'année dernière. Il y a donc une perte incontestable.

Cette année, les prix sont élevés, mais il y a disette, et l'on perdra sur la quantité ce que le prix fera gagner. S'il fallait, pour obtenir un prix rémunérateur, que la disette se fît sentir, ce serait pour le cultivateur une triste position.

Une cherté, basée sur de pareilles causes, ne peut être que momentanée, et ne peut rendre la confiance à l'agriculteur, qui a déjà réduit l'étendue de ses cultures en céréales.

88. L'emploi des épargnes du cultivateur à la formation de petites réserves de grains est-il aussi fréquent que par le passé?

Il est impossible que le cultivateur, éprouvant des pertes, puisse augmenter ses économies; au contraire, elles s'épuisent.

89. La qualité des différentes sortes de céréales s'est-elle améliorée par suite d'une culture plus soignée? Le poids d'une mesure déterminée de grains de chaque espèce s'est-il accru depuis trente ans et dans quelles proportions?

Les cultivateurs avaient fait de nobles efforts pour améliorer les cultures, et les grains sont meilleurs, mais tout ce progrès s'arrête et périclite.

Le poids d'un hectolitre de grains varie de 72 à 77 kilog., selon la température plus ou moins humide, et à raison du temps qui s'est passé depuis la récolte jusqu'à la vente.

90. Quel parti les cultivateurs tirent-ils de leurs pailles? Quelle est la portion qu'ils utilisent dans leur exploitation et celle qu'ils peuvent livrer à la vente?

Toutes les pailles sont utilisées pour la nourriture du bétail et les litières, et augmenter les fumiers. Les pailles sont toujours insuffisantes. Cette nécessité de faire des fumiers oblige le cultivateur à semer des blés malgré leur prix avili : point de pailles, point de fumiers, est un axiôme du pays.

§ 17. *Cultures alimentaires autres que les céréales proprement dites.*

91. Quelle est, dans la contrée, l'étendue des terres cultivées en plantes alimentaires autres que les céréales proprement dites?
En pommes de terre?
En légumes secs?
En légumes frais?

Sur une exploitation de 30 hectares, on sème 75 ares en pommes de terre.

On ne cultive pas d'autres légumes.

92. Quels sont, pour chacun de ces produits, les frais de culture d'un hectare ou d'une mesure de terre déterminée et ramenée à l'hectare?

Quel est le détail des différents frais pour chaque nature de produits?

Les frais d'un hectare, planté en pommes de terre, est, sans y comprendre la location du sol, impôts, etc., de 350 à 400 fr.

93. Quel est le rendement de chaque produit? Quelles sont les variations que ce rendement a pu éprouver depuis dix ans?

Le produit d'un hectare de pommes de terre serait de 400 fr., si elles étaient saines, ce qui est rare depuis dix ans.

94. Quels sont les prix de vente de chaque produit et les changements que ces prix ont pu subir aussi depuis dix ans?

Le prix des pommes de terre est de 0,40 à 0,50 le double décalitre, soit 2 à 2,50 l'hectolitre.

Il n'est pas vendu de pommes de terre, sauf de très-petites quantités sur les marchés, pour la consommation des maisons particulières; tout sert à l'étable pour les bestiaux.

95. Leur production a-t-elle varié d'importance, et pour quelles causes?

Cette production a beaucoup diminué par suite de la maladie de ce tubercule. Cette affection n'est pas disparue; il est à croire que si elle cessait, cette culture reprendrait faveur.

§ 18. *Cultures industrielles.*

96. Quelle est l'étendue des terrains cultivés en plantes industrielles de toute nature?
En betteraves?
En graines oléagineuses, colza, navette, œillette, cameline et autres?
En plantes textiles, chanvre, lin, etc.?
En tabac?
En houblon?
En plantes tinctoriales, garance, safran, etc.?

Il n'est cultivé comme plante industrielle que le colza. Comme il a été dit, la betterave est consommée à l'étable. Il n'est fait de lin et de chanvre qu'autant qu'il en faut pour les besoins du ménage.

97. Quels sont, pour chacun de ces produits, les frais de culture par hectare ou par mesure locale ramenée à l'hectare?
Quel est le détail des différents frais pour chaque nature de produits?

A peu près le prix de culture d'un hectare de blé. La semence est moins chère, mais les frais de récolte et de nettoyage sont plus élevés.

Le détail de la culture du froment se trouve sous le n° 84.

98. Quel est le rendement de chaque produit et les variations que ce rendement a pu éprouver depuis dix ans?

Le rendement d'un hectare, semé en colza, est de 16 hectolitres.

Cette culture n'est introduite que depuis peu de temps; elle a commencé à prendre de l'extension depuis l'avilissement du prix des blés; elle n'est pas avantageuse, la paille donnant peu de litière.

99. La production de chacune de ces cultures industrielles s'est-elle développée ou s'est-elle amoindrie? A quelles causes doit-on attribuer l'augmentation ou la diminution?

Voir le numéro qui précède.

100. Quels sont les prix de vente de chaque produit et les variations que ces prix ont pu subir depuis dix ans?

Le colza se vend 20 à 25 fr. l'hectolitre.

§ 19. *Sucres indigènes et alcools.*

101. Quelle est l'importance de la fabrication des sucres indigènes dans la contrée?

Toutes les récoltes dont il est question depuis le n° 101 jusqu'au n° 111 inclusivement, ne sont pas cultivées dans ce canton.

102. La production des alcools y joue-t-elle un rôle considérable?

103 Quels ont été les progrès réalisés dans ces deux industries?

§ 20. *Vignes.*

104. Quelle est, dans la contrée, l'étendue des terres cultivées en vignes?

La culture de la vigne y a-t-elle reçu de l'extension depuis dix ans?

105. Quelles sont les modifications qui ont pu être apportées depuis trente ans à cette culture?

Quelles sont les causes de ces modifications?

106. Quelles sont les principales espèces cultivées et quelle est la nature et la qualité des vins récoltés?

107. Des progrès ont-ils été réalisés, soit par un meilleur choix des cépages, soit par des améliorations introduites dans les procédés de culture?

108. Les procédés de fabrication des vins se sont-ils améliorés?

109. Quels sont les frais de culture des terres plantées en vignes, soit par hectare, soit par mesure locale dont le rapport avec l'hectare serait indiqué?

Quel est le détail des divers travaux que nécessite la culture de la vigne et des frais auxquels donne lieu chacun de ces travaux?

110. Quel est le rendement par hectare ou par mesure locale des terres plantées en vigne et quelles sont les variations que ce rendement a éprouvées depuis dix ans?

111. Quels sont les prix de vente des vins et quels changements ont-ils subis depuis dix ans?

Le placement des vins des diverses qualités est-il plus ou moins facile que par le passé?

§ 21. *Culture des arbres à fruits.*

112. Quelle est l'importance de la culture des pommiers et des poiriers à cidre?

Il n'est pas cultivé d'autres arbres à fruits que les

pommiers à cidre. Ces arbres sont loin de prospérer ; depuis quelques années, une grande partie des arbres a été perdue sans qu'on en connaisse les causes. Leur produit, d'ailleurs, est très-éventuel ; l'on ne peut guère compter sur une récolte que tous les trois ou quatre ans. Les fermiers sont très-souvent obligés d'acheter leur boisson.

113. A quels frais donne lieu cette culture dans une exploitation d'une étendue déterminée et quels profits en tire le cultivateur ?

Tous les frais se bornent à quelques soins d'hiver pour les nettoyer et à remplacer, au moyen d'une pépinière qui se trouve dans le jardin de la ferme, les arbres qui manquent.

114. Quelle est l'importance des plantations d'oliviers, de noyers, d'amandiers, etc.

Culture inconnue dans le canton.

115. Quels sont les frais, quel est le rendement de ces cultures dans une exploitation d'une étendue déterminée ?
Quels sont les prix de vente des produits ?

116. Quelle est l'importance de la culture des fruits destinés à l'alimentation et qui sont consommés frais ou conservés ?

117. Quels sont les frais de culture et le rendement, pour une exploitation d'une étendue donnée, des pruniers, abricotiers, pêchers, cerisiers, poiriers, pommiers, etc. ?

118. Quels sont les prix de vente des produits qui en proviennent et quelles modifications favorables à l'agriculture ont eu lieu depuis un certain nombre d'années dans la manière de tirer parti de ces divers produits ?

Voir le n° 112.

§ 22. *Sériciculture.*

119. Dans les pays adonnés à la sériciculture, quelles sont actuellement les conditions de la culture des mûriers et de l'éducation des vers à soie?

Cette culture n'est pas faite dans le pays.

120. Quelles différences existent, à cet égard, entre l'ancien état de choses et la situation actuelle?

121. Quelle est la diminution de revenu causée dans la contrée par la maladie des vers à soie?

122. Quelles réductions ont eu lieu, pour cette cause, dans le nombre et dans l'importance des établissements spécialement affectés à l'éducation des vers à soie ou annexés aux exploitations rurales?

§ 23. *Proportion des cultures et des produits cultivés.*

123. Quelle est, dans la contrée, la proportion des recettes brutes en argent que donne chacun des produits ci-dessus énumérés?

Il a été répondu à cette question dans tout ce qui précède.

124. Quelle est cette proportion pour une exploitation prise comme type ordinaire du pays?

Même réponse.

III.

CIRCULATION ET PLACEMENT DES PRODUITS AGRICOLES. — DÉBOUCHÉS.

125. Quelles facilités et quels obstacles rencontrent l'écoulement et le placement des produits agricoles de la contrée, leur circulation et leur transport?

Nous n'avons pas d'autre voie économique à notre disposition que notre rivière de l'Oudon, encore nous manque-t-elle souvent lorsque l'été est sec. La navigation serait praticable une grande partie de l'année, si une écluse qui nous a été bien des fois promise était exécutée, et si le pont du Lion-d'Angers était nivelé de façon à donner un libre passage aux bateaux. Ces deux travaux sont également nécessaires. Lorsque les eaux sont basses, les bateaux ne peuvent flotter; lorsqu'elles sont hautes, elles remplissent tout le vide du pont en question, et les bateaux ne peuvent passer dessous. Si nous sommes obligés d'envoyer nos grains par terre, ils se vendent 1 franc moins cher par hectolitre. Nous avons d'autant plus lieu de nous plaindre de la négligence dont nous sommes l'objet, que le gouvernement a déjà reconnu, en 1847, la nécessité de cette canalisation, et pourvu à la construction de deux écluses. Cette première dépense demeure improductive pour le gouvernement comme pour nous, tant qu'elle n'a pas reçu son complément indispensable, la *troisième écluse.* La vérité nous oblige à reconnaître que cette dernière écluse a été officiellement promise quelques jours avant les élections qui ont eu lieu le 30 juillet dernier ; mais, le jour même du scrutin, la mise en adjudication s'est trouvée sans effet, par faute de la rédaction du cahier des charges, et, depuis cette époque, la troisième écluse semble indéfiniment ajournée.

126. Quels sont les débouchés qui leur sont déjà ouverts et ceux qu'il serait possible de leur ouvrir encore ?

Sans doute, de nombreux débouchés ont été ouverts, les chemins de grande communication, la canalisation de l'Oudon dont il est question au numéro précédent. Mais, par une singulière fatalité, les chemins de grande communication et la canalisation restent incomplets ; on commence sans achever.

Nous aurions absolument besoin d'une voie ferrée. Les chemins de fer, qui ont été faits dans beaucoup de localités, rendent indispensable leur exécution dans celles qui en sont privées pour que l'égalité soit conservée.

127. Quels progrès la viabilité y a-t-elle faits depuis un certain nombre d'années, en remontant à trente ans au moins?

Depuis trente ans, de grandes améliorations ont été faites aux chemins de toute nature, ce n'est pas étonnant, et cela devait être. S'ensuit-il qu'il a été satisfait à tous les besoins? Dans tous les cas, le progrès pour ces utiles travaux est moins grand que celui des travaux de luxe.

Nos chemins de grande communication ne s'achèvent pas, ils absorbent cependant et depuis longtemps les deux tiers des prestations en nature, prélevées sur les gens des campagnes.

Cette imposition est détournée, au grand préjudice de la campagne, des chemins vicinaux, communaux et d'exploitation qui sont dans un état peu satisfaisant.

128. Quelle a été l'étendue des voies de communication nouvellement créées et l'importance des améliorations apportées à celles qui existaient?

Nous n'avons pas de documents à cet égard.

129. Quelles ont été les lignes de chemins de fer construites et mises en exploitation?

Nous l'avons déjà dit plusieurs fois, nons sommes privés de chemins de fer. Une ligne est, assure-t-on, accordée pour Châteaugontier, Craon et Nantes; les journaux nous ont fait connaître que les études se poursuivaient. Cette nouvelle voie sera à 30 kilomètres de notre chef-lieu de canton, conséquemment ne nous sera pas très-utile.

On vient de terminer la ligne de Cholet à l'Aleu, près Chalonnes. C'est le commencement de la ligne qui nous avait été annoncée sous le nom de *grand transversal de l'ouest.* Segré devait géographiquement se trouver sur son passage. Ce projet semble abandonné, malgré les votes annuels du Conseil général.

Il serait juste cependant de faire part des avantages à tous les pays qui partagent les impôts et les charges. Notre population se plaint et avec raison des influences étrangères et contraires au pays.

130. Quels travaux, pour la création de voies nouvelles ou l'amélioration des voies existantes, ont été faits en ce qui concerne les routes impériales?

Les routes impériales sont bonnes.

131. Mêmes questions pour les routes départementales.

Il en est de même des routes départementales.

132. Mêmes questions pour les chemins de grande communication?

Nous avons répondu à cette question.

133. Mêmes questions pour les chemins vicinaux?

Voir le n° 126.

134. Mêmes questions pour les chemins ruraux et d'exploitation?

Voir le n° 127.

135. Mêmes questions pour les fleuves, rivières et canaux.

Voir le n° 125.

136. Quelle est la direction donnée aux divers produits agricoles de la contrée et quelles variations cette direction a-t-elle éprouvées depuis trente ans?

L'écoulement des céréales est paralysé faute de moyens de transports, ainsi qu'il a été signalé.

Les bestiaux sont engraissés en Normandie et en Poitou.

137. La facilité et la rapidité plus grandes des communications ont-elles, depuis un certain nombre d'années, donné de l'extension aux expéditions des produits agricoles à des distances éloignées?

Voir ce qui a déjà été répondu à ce sujet.

138. Quels sont ceux de ces produits qui ont plus particulièrement pris part à ce mouvement?

Nous n'avons pas d'autres produits que les céréales et les bestiaux.

139. Quels progrès serait-il possible de réaliser encore à cet égard?

Un chemin de fer qui nous mît en communication avec toute la France.

140. Quelle influence le perfectionnement des voies de communication a-t-il exercée sur le prix de revient des produits agricoles?

Nous avons reconnu déjà que les voies de communication nouvelles ont exercé une influence heureuse. Cependant, ces moyens de transport n'étant pas au niveau de ceux dont d'autres contrées ont été dotées, nous sommes toujours dans un état d'infériorité nuisible à nos intérêts, et nos produits n'obtiennent pas le même prix que des objets identiques trouvent sur d'autres marchés placés à la portée de débouchés plus économiques et plus rapides. (Voir le n° 143.)

141. La facilité des communications a-t-elle eu pour effet de niveler les prix et de faire disparaître les inégalités souvent considérables qui existaient à cet égard d'une contrée à une autre? Ne serait-ce pas par ce motif que l'on peut expliquer que, dans certaines contrées où les récoltes ont mal réussi, les prix restent à un taux peu élevé, tandis qu'ils se maintiennent à un chiffre rémunérateur dans des pays où les récoltes ont été surabondantes?

Tout ce qui précède fait connaître que les éléments de comparaison nous manquent.

142. Quelle comparaison peut-on établir sous ce rapport entre l'ancien état de choses et la situation actuelle?

Voir la réponse ci-dessus.

143. Quels sont les frais de transport que les produits agricoles ont à supporter pour être dirigés des lieux de production sur les lieux de consommation ?

Nous payons les transports 50 centimes par myriamètre et par hectolitre.

144. A combien s'élèvent ces frais sur les chemins de fer ? Quels sont les prix des tarifs et les autres dépenses accessoires ?

Nous n'en savons rien.

145. Quelles sont les dépenses des transports par les routes de terre ?

Même réponse que ci-dessus aux nos 141 à 143.

146. Quels sont les frais de transport par les voies navigables ? Quelle peut être particulièrement l'influence exercée sur les débouchés par les droits de navigation intérieure perçus sur les fleuves, rivières et sur les canaux appartenant à l'Etat ou exploités par voie de concession ?

Même réponse que plus haut.

IV.

LÉGISLATION. — RÈGLEMENT. — TRAITÉS DE COMMERCE.

147. Les grains importés de l'étranger sont-ils venus depuis quelques années faire concurrence aux grains indigènes sur les marchés de la contrée ? Dans quelle mesure ? Quels ont été les effets de cette concurrence ?

Ce n'est que depuis l'introduction des blés étrangers, en vertu de la loi de 1861, que le prix de nos céréales a fléchi à 16 fr. l'hectolitre. La moyenne était de 22 fr. Quelques années le prix s'est élevé jusqu'à 27 fr. l'hectolitre. Tandis que les froments étrangers pourront être vendus à 14 fr. 50 ou 15 fr., comme les années précédentes, nous ne pourrons espérer rien de plus : nous parlons pour les temps de récoltes ordinaires.

Ces chiffres sont clairs et éloquents ; la perte éprouvée est de 1/4.

Les blés étrangers ne viennent pas s'étaler sur nos marchés. Cela est vrai ; mais leur présence dans les lieux où nos produits trouvaient leurs débouchés avant la liberté de l'importation, fait nécessairement baisser nos grains, tout aussi bien que s'ils venaient à Segré même.

148. Quelle part la contrée a-t-elle prise au mouvement d'exportation des céréales françaises à destination de l'étranger? Si des expéditions de ce genre ont eu lieu, quel en a été l'effet ?

La situation faite à notre contrée ne lui a pas permis de prendre part, jusqu'à ce jour, à l'exportation à l'étranger.

149. Quels ont été les effets produits par la suppression de l'échelle mobile, et quelle est l'influence de la législation qui régit aujourd'hui notre commerce d'importation et d'exportation des grains avec l'étranger depuis la loi du 15 juin 1861 ?

Nous ne demandons pas le rétablissement de l'échelle mobile, mais nous pensons que jusqu'au moment où les impôts de toutes sortes, qui pèsent sur l'agriculture, pourront être diminués, les moyens de communication rendus faciles et plus complets, un droit fixe de 1 fr. 25 à 1 fr. 50 par hectolitre est nécessaire pour nous mettre en mesure de soutenir la concurrence avec les blés étrangers.

Nous n'ignorons pas qu'un certain nombre d'orateurs

officiels conseillent aux populations de renoncer à la culture du blé ou de la diminuer très-sensiblement. Nous croyons ce conseil pernicieux et nous nous faisons un devoir d'y répondre.

Le jour où la culture des céréales aura notablement diminué sur notre sol, la France sera complétement livrée à la merci de l'étranger. Le libre-échange nous a été donné pour rendre la disette impossible; le libre-échange aurait pour infaillible résultat de rendre la disette certaine, s'il dégoûtait le cultivateur de l'ensemencement des blés, et le jetait uniquement sur la culture industrielle et même l'élevage des bestiaux. La viande est de première nécessité, mais elle ne peut se passer de pain. Le jour où nous tirerions, pour la plus grande partie, notre blé de l'étranger, nous aurions non-seulement pour cause de disette un défaut naturel ou accidentel dans les moissons de l'étranger, mais nous aurions encore la disette chaque fois qu'une guerre interromprait sur telle ou telle de nos côtes, le transport de l'étranger.

Le devoir du gouvernement n'est donc pas de décourager la culture du blé, mais de multiplier tous ses efforts pour en assurer la prospérité dans les conditions actuelles; car aujourd'hui notre production ne suffit même pas complétement à notre alimentation. Le devoir du gouvernement est aussi, non pas de se plaindre de l'abondance des récoltes, comme font en toutes occasions les orateurs officiels, mais de combiner ses mesures de façon à ce que l'abondance qui doit être le but et le signe de nos progrès, ne soit pas en même temps l'occasion de notre ruine. Dans l'ordre des raisonnements officiels, le cultivateur se trouve enfermé dans un cercle vicieux inévitable. Si Dieu lui envoie l'abondance, la législation lui envoie l'avilissement du prix; si Dieu permet la disette, le prix se relève; mais comme le cultivateur a beaucoup moins à vendre, il demeure encore en perte; et, de cette façon, désintéressé de produire peu ou beaucoup, découragé dans tous les cas par la stérilité de sa spéculation, découragé par l'impulsion administrative, il marche rapidement vers cette hypothèse désastreuse où la France abandonnera sa production de première nécessité, pour se livrer à toutes les chances des spéculations de hasard ou des industries ruineuses.

150. Quelle influence attribue-t-on aux opérations d'importation temporaire des blés étrangers pour la mouture et de réexportation de farines, et à l'application des règlements spéciaux relatifs à ces opérations, notamment en ce qui concerne les acquits-à-caution?

Si les blés d'Odessa, admis sous l'acquit à caution, sortaient après avoir été convertis en farine, nous pourrions avoir peu à nous plaindre sur ce point.

Mais il n'en est pas ainsi : une fois entrés, ils restent en France, sans acquitter aucun droit. D'après la discussion, dont nous avons parfaite mémoire, les blés du nord et de l'ouest de la France profitent un peu de la fraude des spéculateurs, s'il est vrai que l'importateur du midi partage la prime de 50 centimes avec l'exportateur des ports du nord. Cela prouve seulement que le bénéfice de l'importateur du midi est très-considérable, et que les négociants s'entendent pour faire fraude à la loi.

C'est un motif de plus pour faire peser sur ces blés étrangers un droit équivalant à nos charges : cette fraude serait plus difficile, moins fructueuse; nos récoltes pourraient faire concurrence aux blés du nord de l'Europe sur les marchés du midi. Nous y gagnerions ainsi que la morale.

151. Quelle a été, dans la contrée, l'importance des quantités de blé étranger introduites pour la mouture? Quelles ont été les quantités de farines exportées en représentation des blés étrangers admis pour la mouture? Quel effet ces opérations ont-elles pu avoir sur le cours des grains?

Nous l'avons dit, les blés étrangers ne viennent pas sur nos marchés, mais leur présence sur les places voisines empêche l'écoulement des nôtres. Nous savons qu'il en a été apporté à Laval, à Nantes, à Angers, villes peu éloignées de nous.

Nos meuniers n'emploient que les blés du pays pour leurs moutures.

152. Quelle action ont pu exercer les traités de commerce conclus avec diverses puissances étrangères au point de vue du placement, des prix de vente et des débouchés extérieurs des divers produits agricoles, savoir :

Les céréales ?
Les vins et spiritueux ?
Les sucres indigènes ?
Le bétail ?
Les laines ?
Les beurres et fromages ?
Les volailles et les œufs ?
Les légumes et les fruits frais ?
Les graines oléagineuses ?
Les plantes textiles ?
Les plantes tinctoriales, etc., etc. ?

Les effets du traité de commerce sont désastreux.

Nous sommes forcés de donner à 16 fr. et à perte ce que nous vendions de 20 à 27 fr., et cela sans compensation d'aucune sorte.

La France agricole doit perdre annuellement sur ses récoltes près de 400 millions de francs.

153. Quelle influence ces mêmes traités ont-ils pu avoir sur les prix de vente et de location des terres qui sont à portée de profiter des nouveaux débouchés extérieurs qu'ils ont créés ?

L'effet des traités de 1861, sur les prix de ventes et les locations des terres, a été le même que pour les produits; ils sont en baisse.

Il a été vendu moins d'engrais de toute nature.

154. Quel a été l'effet de ces traités sur l'importation étrangère, et, par suite, sur le prix de revient des matières premières servant à l'agriculture, notamment :

Les fers, et, par suite, les machines agricoles et les instruments aratoires?

Les engrais ou autres substances servant à l'amendement des terres ?

Les étoffes et les vêtements, etc., etc. ?

Nous avons dit que notre perte n'avait point eu de compensation, c'est vrai à la lettre. Tous les objets ont conservé leur prix, s'ils n'ont pas été augmentés. Il en est de même pour les objets de consommation.

Tous ont été sacrifiés à l'intérêt de quelques spéculateurs purement industriels.

V.

QUESTIONS GÉNÉRALES.

155. Quels sont, dans la législation civile et générale, les points auxquels il paraîtrait y avoir lieu d'apporter des modifications que l'on considérerait comme utiles à l'agriculture ?

La liberté du commerce est sans doute très-bonne, mais, même pour elle, il fallait des limites et des ménagements dans son application. On devait surtout ne pas compromettre la fortune de vingt-quatre millions de citoyens, et livrer aux hasards du commerce ou d'une guerre la subsistance de la France. L'agriculture ne méritait-elle pas autant que les produits chimiques, les fers et les cotons, etc. une protection de 10 et 22 0/0, que la loi a donnée à ces objets, ce qui leur a fourni le moyen de lutter avec les produits similaires venant de l'étranger ?

Nous demandons : Que les blés étrangers soient assujettis à un droit qui leur donne un prix égal à celui des blés français : ce droit pourrait être de 1 fr. 25 à 1 fr. 50 par hectolitre. Ce n'est pas exorbitant et n'augmenterait pas les frais du consommateur d'une manière sensible ;

Que les travaux de luxe entrepris dans les villes soient modérés et qu'ils ne servent pas de motifs à l'exagération des droits d'octroi ; l'augmentation de ces droits, frappant sur les denrées, en fait diminuer le prix et la consommation ;

Que les chemins de grande communicatien, qui profitent à tout le monde, soient faits et achevés au moyen d'allocations, pour laisser toutes les prestations disponibles pour l'exécution des chemins vicinaux, ruraux et d'exploitation ;

Que les sommes affectées aux travaux de luxe soient moins élevées, afin que sur les fonds des travaux publics une plus large part soit laissée pour doter les pays jusqu'ici délaissés, de voies rapides et économiques de communication et de transports.

Nous ne pouvons nous empêcher d'appuyer de tous nos vœux la diminution du contingent militaire et l'abaissement du chiffre de l'exonération.

156. Quels sont, dans la législation fiscale, les points auxquels il paraîtrait y avoir lieu d'apporter des modifications que l'on considérerait comme utiles à l'agriculture ?

Rien ne serait plus utile à l'agriculture que la modération dans les impôts :

1° L'impôt foncier est extrêmement pesant, la terre supporte trop de charges.

2° L'impôt mobilier est le même pour la ville que pour la campagne; on demanderait une catégorie moins élevée pour les fermes.

3° L'impôt des portes et fenêtres est moins fort pour les maisons à cinq ouvertures que pour les autres; ne serait-il pas raisonnable d'étendre cette modération aux maisons ayant dix ouvertures pour les habitations de la campagne ?

4° Les prestations en nature ne devraient être employées que pour les chemins vicinaux, communaux et d'exploitation. Les chemins de grande communication, qui sont de vraies routes, devraient être exécutés au moyen d'allocations budgétaires.

5° L'impôt sur les chiens de ferme devrait être supprimé; le chien est nécessaire aux fermiers comme gardien et pour la conduite des bestiaux.

6° Le sel supporte une taxe égale à son prix, c'est exorbitant et en empêche l'usage en agriculture.

7° Les octrois des villes sont trop exagérés, ils sont en définitive acquittés par les campagnes, soit en argent, soit par la diminution du prix de vente.

8° On demanderait qu'un simple passavant fût nécessaire au propriétaire de vignes pour faire venir sa récolte chez lui, au lieu d'un congé qu'on exige aujourd'hui.

9° Il faudrait une modération aux droits sur les canaux et au passage des écluses pour les engrais nécessaires à l'agriculture.

10° Enfin les droit de succession, dits droits de mutation par décès, sont d'une telle exagération que l'on serait tenté de leur appliquer le mot de confiscation. Soit une succession de 100,000 fr., grevée de 50,000 fr. Ces dettes paieront le droit comme la part qui revient à l'héritier. Ce droit, en ligne collatérale, s'élève à 10 0/0, c'est-à-dire que l'Etat prendra 1/5 de ce qui sera recueilli par l'héritier. Un abaissement de droit est de toute justice; il faudrait aussi que le droit ne fût payé que sur la succession, défalcation faite des charges.

Il serait à désirer que les droits pour échange fussent ramenés au même taux qu'avant la loi de 1824, et que l'on tînt compte de la contiguité des terrains.

La liberté de la boulangerie a été l'occasion de la hausse

sur le prix du pain; ne serait-il pas possible de remédier à cet état de choses, dans l'intérêt des ouvriers?

157. Quelles sont les autres causes générales qui ont pu influer dans un sens favorable ou nuisible sur la prospérité agricole?

Les obstacles qui s'opposent à la prospérité de l'agriculture, ont été suffisamment énoncés dans tout ce qui précède; ils sont graves et nombreux. Il est de l'intérêt et du devoir du gouvernement d'y apporter un prompt remède.

158. Quelles sont les causes secondaires qui pourraient créer des obstacles plus ou moins sérieux au libre développement de cette prospérité?

Il n'y a point de causes secondaires dans des intérêts aussi graves que ceux de l'agriculture. La force, la grandeur et l'avenir de la France en dépendent.

159. Les réunions commerciales, telles que les foires et marchés, destinées à la vente des produits agricoles, sont-elles en nombre insuffisant, ou sont-elles, au contraire, trop multipliées?

Les foires et les marchés existants suffisent pour les besoins, nous ne voyons pas qu'il soit opportun de changer les époques et les jours où ils ont l'habitude de se tenir.

160. Existe-t-il des mesures réglementaires émanant des autorités locales et qui seraient de nature à entraver les transactions?

Le plus grand obstacle apporté à l'agriculture est le libre-échange entendu et mis en pratique comme il l'a été.

161. Quels seraient enfin les moyens les plus propres à améliorer la condition de l'agriculture, et quelles mesures croirait-on devoir proposer dans ce but?

Les demandes et les mesures qu'exige cette question ont été souvent énoncées.

Nous avons terminé notre tâche, nous l'avons fait consciencieusement.

L'agriculture se plaint des travaux excessifs des villes qui lui enlèvent ses ouvriers. Elle se plaint encore que la loi du 15 juin 1861 l'ait placée brusquement et sans transition en présence de la production étrangère. Cette mesure nous paraît prématurée et exécutée avec imprudence. Comme aux autres industries, nous disons même plus qu'à tout autre, on lui doit les moyens de se développer. Il y a longtemps qu'on lui fait des promesses, il serait temps de les réaliser. Puisqu'on nous consulte et que l'on nous met en mesure de formuler nos plaintes, ce ne peut être qu'avec un esprit de bienveillance et de justice; nous l'espérons.

ANGERS, IMPRIMERIE P. LACHÈSE, BELLEUVRE ET DOLBEAU.

www.ingramcontent.com/pod-product-compliance
Lightning Source LLC
LaVergne TN
LVHW050436160826
845677LV00002BA/729

9782329672281